Anja Ritterhoff

Kunterbuntes aus Holz

Deko-Ideen fürs Kinderzimmer

CHRISTOPHORUS
BRUNNEN-REIHE

Seit mehr als 30 Jahren steht der Name „Christophorus“ für kreatives und künstlerisches Gestalten in Freizeit und Beruf. Genauso wie dieser Band der Brunnen-Reihe ist jedes Christophorus-Buch mit viel Sorgfalt erarbeitet: Damit Sie Spass und Erfolg beim Gestalten haben – und Freude an schönen Ergebnissen.

ISBN 3-419-56001-X

Styling und Fotos: Roland Krieg, Waldkirch
Reinzeichnungen: Carsten Schorn, Freiburg
Umschlaggestaltung: Network!, München
Produktion: Print Production, Umkirch
Druck: Freiburger Graphische Betriebe, 1998

Christophorus
Bücher mit Ideen

Inhalt

Kunterbunte Holzideen

Holz ist ein wunderbares Material und vielseitig einsetzbar. Ob Sie es und Ihre Kinder gerne knallbunt im Kinderzimmer mögen oder ob Sie den dezenten Lasurfarben, die der Holzmaserung einen wirkungsvollen Auftritt bereiten, den Vorzug geben, dieser Band zeigt dazu viele Gestaltungsideen.

Ich stelle Ihnen teils gleiche Modelle mit verschiedenen Farbgebungen vor (Seite 25 und 27). Auch naturbelassene Teile, nur mit Bienenwachs oder Klarlack bearbeitet, haben ihren ganz besonderen Reiz.

Für die meisten Arbeiten genügt eine einfache Laubsägenausstattung, aber wenn Sie erst mal Freude an diesem Hobby gefunden haben, lohnt sich vielleicht doch die Anschaffung einer Dekupiersäge.
Holzzuschnitte können Sie sich im Baumarkt gleich passend zuschneiden lassen, vielleicht finden Sie auch einige günstige Reststücke, die sich auch für Probearbeiten gut eignen.

Falls Sie sich noch nie mit Sägearbeiten beschäftigt haben, es ist bei weitem nicht so schwierig, wie es vielleicht scheinen mag. Erst mal experimentieren, mal mit Sägen, dann mit Bemalen. Sie werden mit Ihrer Freude für dieses schöne Hobby sicherlich noch sehr viele gute Einfälle haben, zu denen ich Ihnen vielleicht doch ein bißchen mit verhelfen kann. Nur Mut!
Ich würde mich jedenfalls darüber sehr freuen, drücke Ihnen die Daumen für ein gutes Gelingen!

Ihre

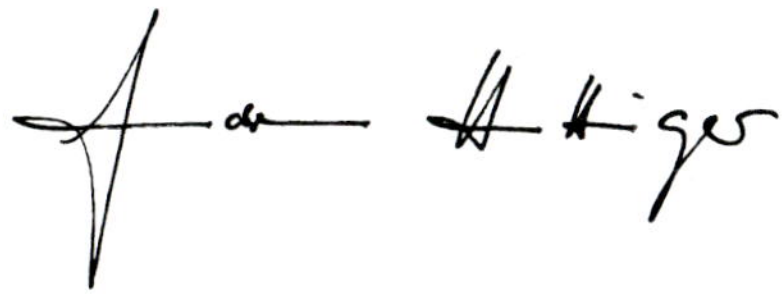

Basteltips

Material und Hilfsmittel

- **Transparentpapier und dünner Karton zur Schablonenherstellung**
- **Sperrholz**
- **Massivholz**
- **Rundholzstäbe**
- **Laubsäge, Sägeblätter oder Dekupiersäge u. Stichsäge**
- **Laubsägebrett**
- **kleine Schraubzwingen**
- **Schleifklotz, Schleifpapier**
- **Bohrmaschine**
- **Bohrer**
- **Holzleim, z.B. UHU coll express**
- **Holzgrundierung**
- **Acryl-Lackfarben oder Mattfarben**

Sperrholz – Massivholz: Sperrholz (Stärke: 4–6 mm), z.B. Pappel- oder Ahornholz. Für stabilere Gegenstände wird eine Stärke von 10 mm verwendet. Für die Figuren eignet sich Massivholz (Weichholz). Mehrschichtig verleimtes Holz ist stabiler, wasserfest verleimtes Holz eignet sich besonders für den Außenbereich, ist aber schwerer zu sägen.

Aussägen: Je nach Stärke und Größe des Modells sägen Sie mit einer Laub-, Stich- oder Dekupiersäge das gewünschte Teil aus. Das Laubsägebrett wird mit einer Zwinge an einer Tischplatte befestigt. Verwenden Sie für 3–4 mm starkes Holz ein Sägeblatt Nr. 2, für stärkere Hölzer Nr. 3. Sägeblätter mit den Zähnen nach unten einspannen. Die Laubsäge senkrecht zum Holz mit leichten Auf- und Abwärtsbewegungen an den Konturen entlang führen. Um Ecken und Kurven sägen zu können, wird der Bogen auf der Stelle bewegt und nur das Holz, niemals die Säge in die gewünschte Richtung gedreht.
Damit dünne Teile beim Sägen nicht abbrechen, ist es sinnvoll an einer breiten, geraden Stelle zu beginnen und langsam, ohne Druck zu sägen. Müheloser (ab 10 mm Holzstärke) ist das Aussägen mit einer Stich- oder Dekupiersäge.

Bohren: Für Innenausschnitte wird mit dem Bohrer ein Loch gebohrt. Durch dieses Loch wird das Sägeblatt gesteckt und danach in die Säge eingespannt. Schmirgeln: Flächen und Ränder vor dem Bemalen mit Schmirgelpapier (Körnung 120–180) begradigen. Beim Schleifen in Faserrichtung arbeiten.

Bemalen: Das Werkstück wird vor dem Bemalen mit einer Holzgrundierfarbe eingestrichen. Nochmals glattschmirgeln, entstauben und danach mit der jeweiligen Farbe bemalen. Strapazierfähige Teile und Außendekorationen am besten zusätzlich mit Klar- oder Bootslack schützen.

Lasieren: Zum Lasieren eignen sich z.B. Seidenmalfarben, Mori Color-Naturfarbe von C. Kreul, und natürlich Holzbeize. Die beiden Seidenmalfarben in der Naß-in-Naß-Technik wie beim Aquarellieren auftragen. Lassen Sie die Farben noch feucht ineinanderfließen. Feine Ergänzungen können nach dem Trocknen der Farben mit wasserfesten Filz- oder Lackstiften vorgenommen werden.

Klebstoffe: Mit Holzleim, z.B. UHU coll express erzielen Sie eine schnelle und stabile Verklebung. Während des Abbindens des Leims sind Schraubzwingen ein gutes Hilfsmittel.

Vorlagen: Auf dem Bogen sind Bohrstellen mit einem Kreuz gekennzeichnet, ausgesägte Stellen sind schraffiert.

Tips und Hinweise

- Legen Sie beim Bohren ein dickeres Holzstück unter, so erzielen Sie glatte Bohrlöcher.
- Ein Bienenwachsauftrag bei Lasurfarben verleiht den Farben einen seidigen Glanz.
- Lackstifte nur verwenden, wenn später nicht lackiert wird, da sie evtl. auslaufen könnten.

- ◆ **Farbsprays**
- ◆ **Seidenmalfarben, Holzbeize oder Mori Color Naturfarben (C. Kreul)**
- ◆ **Filz- und Lackstifte**
- ◆ **Klar- oder Seidenmattlack**
- ◆ **Bootslack**
- ◆ **Pinsel**
- ◆ **Klebezahlen und -buchstaben**

Türschilder

Material

Türschild „Bad“:

- **Sperrholz, 4 mm, 20 x 25 cm**

Türschild „Marcel“:

- **Sperrholz, 4 mm, 25 x 25 cm**
- **Wackelauge, 1 cm ∅**

Türschild „Küche“:

- **Sperrholz, 4 mm, 20 x 14 cm**
- **Lederriemen, 2 mm ∅**

Türschild „Familie Mouris“:

- **Sperrholz, 5 mm, 25 x 22 cm**
- **Holzstreuteile: Äpfel**
- **Holzteile: Vögel**

Für alle Teile:

- **Lack- oder Mattfarbe**
- **Lack- und Filzstifte**
- **Klebebuchstaben**
- **Plakataufhänger**

Vorlagen

A, B, C, D

Schritt für Schritt

1. Mit einem Transparentpapier, das nach dem Durchpausen des Motivs auf einen dünnen Karton geklebt wird, eine Schablone anfertigen. Oder das Motiv mit Kohlepapier direkt auf das Sperrholzteil durchpausen.

2. Das Auflagebrettchen mit einer Schraubzwinge am Arbeitstisch befestigen und mit der Laubsäge die Konturen aussägen. Der Flügel des Pinguins wird zusätzlich ausgesägt.

3. Die Schnittkanten der Figur mit einem mittelfeinen Schleifpapier begradigen und das Teil gut entstauben.

4. Das Motiv mit Lack- oder Mattfarben, evtl. auch mit Lasurfarben (Seite 5) gestalten. Den Flügel separat bemalen und nach dem Trocknen festkleben. Abschließend die Klebebuchstaben und den Plakataufhänger befestigen.

Weitere Anleitung Seite 8.

FAMILIE
MOURIS
BAD
MARCEL
KÜCHE

Im Giraffenland

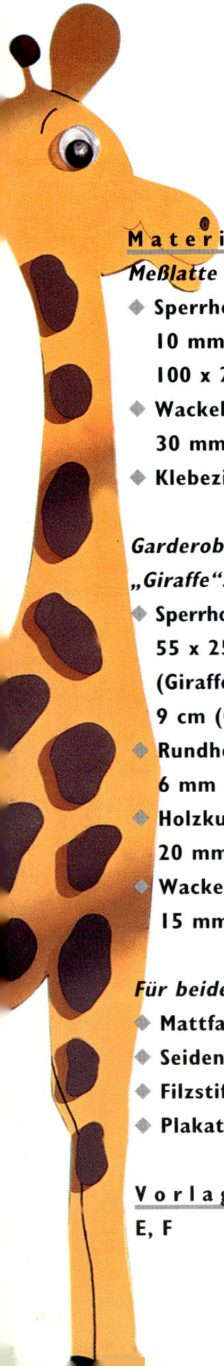

Material

Meßlatte „Giraffe“:

- **Sperrholz, 10 mm, 100 x 25 cm**
- **Wackelauge, 30 mm ∅**
- **Klebeziffern**

Garderobe „Giraffe“:

- **Sperrholz, 5 mm, 55 x 25 cm (Giraffe), 27 x 9 cm (Grasteil)**
- **Rundholz, 6 mm ∅**
- **Holzkugeln, 20 mm ∅**
- **Wackelauge, 15 mm ∅**

Für beide Teile:

- **Mattfarbe**
- **Seidenmattlack**
- **Filzstifte**
- **Plakataufhänger**

Vorlagen

E, F

Türschilder
Beschreibung zur Abbildung Seite 7

Türschild „Bad“: Die Teile, wie auf Seite 6 beschrieben, aussägen, zusammenkleben, bemalen und die Schrift aufkleben.

Türschild „Marcel“: Clownkörper, Schuhe, Kopf mit Haaren und Hut in einem Stück aussägen. Hände und Ente separat arbeiten. Alle Teile bemalen, zusammenkleben und das Wackelauge plazieren.

Türschild „Küche“: Die Käsescheibe mit Lochausschnitten aussägen und bemalen. Das ausgesägte und bemalte Mäuschen hinter den großen Ausschnitt kleben. Die Pfötchen auf dem Rand befestigen. Den dünnen Lederriemen zuerst hinter und dann auf dem „Käse“ festkleben.

Türschild „Familie Mouris“: Den Baum aussägen und bemalen. Fertigteile Vögel ebenfalls bemalen und zusammen mit den bunten Holzstreu-Äpfel und den Buchstaben auf dem Baum anordnen.

Sämtliche Türschilder mit Lack- oder Mattfarben und Lackstiften gestalten.

Meßlatte „Giraffe“

❶ Die Giraffe zum Teil mit der Stichsäge aussägen.

❷ Die Maß-Einteilung auf dem bemalten Körper kennzeichnen und die Klebezahlen mit Streifen anordnen. Die feinen Streifen aus dem Trägerpapier ausschneiden.

❸ Aus Reststücken die Flecken aussägen und bemalen, anordnen und aufkleben. Ebenso das Wackelauge.

❹ Hufe und sonstige Zeichnungen mit Filzstiften aufmalen.

Garderobe „Giraffe“

❶ Giraffe mit Sockel aussägen. Gelb grundieren und dann die Flecken und sonstige Feinheiten aufmalen. Wackelauge aufkleben.

❷ Das Grasteil separat aussägen, bemalen und auf den Sockel der Giraffe leimen und drei Löcher (6 mm ∅) bohren.

❸ Drei Rundhölzer, 3 cm lang, in je eine angebohrte Holzkugel kleben. Evtl. die Bohrung vergrößern. Bemalen und in den Löchern verleimen.

140
130
120
110
100
90
80
70

Gefährliche Krokodile

Material

Garderobe:

- **Sperrholz, 10 mm, 50 x 25 cm**
- **Rundholz, 6 mm ∅**
- **Holzkugeln, 20 mm ∅**
- **Wackelaugen, 20 mm ∅**

Kleiderbügel:

- **Sperrholz, 3 mm, 10 x 10 cm (für einen Bügel)**
- **Kleiderbügel**
- **Wackelaugen, 8 mm ∅**

Für sämtliche Teile:

- **Lasierende Farbe oder Lackfarbe, Lack- und Filzstifte**
- **Klarlack oder Seidenmattlack**

Vorlagen

G, H

Krokodil-Garderobe

❶ Das Krokodil aussägen und an der gekennzeichneten Stelle zwei Löcher bohren (6 mm ∅).

❷ Ein Krokodil wurde mit lasierenden Farben in der Naß-in-Naß-Technik (vgl. Seite 5) gestaltet, das andere mit Lackfarben. Wackelaugen aufkleben und evtl. Flecken und sonstige Ergänzungen aufmalen.

❸ Zwei Rundhölzer, 3 cm lang, in eine gebohrte Holzkugel kleben. Evtl. die Bohrung vergrößern. Die Teile bemalen und in den Löchern verleimen.

Haben Sie lasierende Farbe verwendet, wird nach dem völligen Trocken ein Bienenwachs- oder Lackauftrag vorgenommen.

Krokodil-Kleiderbügel

❶ Krokodile aussägen, bemalen und Wackelaugen aufkleben.

❷ Den Kleiderbügel farbig gestalten oder in Natur belassen.

❸ Fertiges Motiv auf den Bügel kleben.

Magnettafel „Landleben“

Material

- **Blechtafel, 50 x 70 cm**
- **Sperrholz, 4 mm, 50 x 70 cm (Rückwand)**
- **Sperrholz, 4 mm, 45 x 30 cm**
- **Rahmenleiste, 3 cm, 2,50 m**
- **Holzrohlinge**
- **Holzstreuteile**
- **Magnete, 15 mm ∅**
- **Matt- oder Lackfarbe**
- **Filz- und Lackmalstifte**
- **Plakataufhänger**

Vorlagen

N 1–4

Auf dieser Tafel können nicht nur wichtige Dinge fixiert werden. Auch zum Spielen bietet sie sich hervorragend an. Mit diesem stimmungsvollen Motiv ist die Magnettafel ein dekoratives Bild fürs Kinderzimmer.

1 Die Basis ist ein Blech in der Stärke von ca. 1,5 mm, 50 cm x 70 cm groß. Dieses lassen Sie sich am besten vom Flaschner zuschneiden.

2 Vor dem Bemalen wird das Blech mit Spiritus gut gesäubert. Dann mit Matt- oder Lackfarben nach Belieben bemalen.

3 Die fertigen Rahmenleisten, 3 cm breit, auf Gehrung schneiden und verleimen. Mit einer Holzrückwand (4 mm), gleiche Blechgröße, wird die Magnettafel stabiler. Die Platte am besten gleich im Baumarkt genau zuschneiden lassen. Alles mit dem Rahmen zusammenmontieren und die Aufhänger festkleben.

4 Die Bäume und die Sonne aussägen und bemalen. Die Sonne erhält zwei Wackelaugen. Diese Teile auf den Rahmen festkleben.

5 Nun die Magnetmotive gestalten: Nur die Wolken aussägen, alle anderen Teile sind fertige Holzrohlinge, die nur noch bemalt werden müssen. Vorher evtl.die Löcher mit Holzkitt verschließen. Marienkäferchen und Igelchen sind bunte Holzstreuteile, hier müssen – wie auch bei den anderen Teilen – kleine Magnete aufgeklebt werden. Die Wolken erhalten je zwei Magnete.

HIJKL

Lustige Zettelboxen

Material

Kätzchen:

- **Sperrholz, 6 mm, 33 x 15 cm**
- **Sperrholz, 4 mm, 15 x 25 cm**

Bär:

- **Sperrholz, 6 mm, 27 x 16 cm**
- **Sperrholz, 4 mm, 15 x 25 cm**
- **Wackelaugen, 20 mm ∅**

Mäuschen:

- **Sperrholz, 6 mm, 40 x 16 cm**
- **Sperrholz, 4 mm, 15 x 25 cm**

Für sämtliche Teile:

- **Lack- oder Mattfarbe**
- **Lack- und Filzstifte**
- **Plakataufhänger**

Vorlagen

K, L, M

Kätzchen und Mäuschen

1 Kopf, Körper und Schwanz in einem Stück aussägen und bemalen. Sämtliche Feinheiten vor dem Aufkleben des Zettelkästchens mit Filz- oder Lackstift vornehmen. Später ist das Aufmalen wesentlich schwieriger.

2 Vier Holzzuschnitte (4 mm) für das Zettelkästchen fertigen, zusammenkleben, bemalen und auf dem Körper befestigen.

3 Füße aus 4 mm starkem Sperrholz aussägen, bemalen und auf dem Zettelkästchen festkleben.

4 Die Pfoten aus 6 mm starkem Holz aussägen, bemalen und seitlich so auf dem Körper festkleben, daß die Zettel später genau dazwischen passen.

Bär

Der Bär entsteht ähnlich wie die bereits beschriebenen Figuren.
Er bekommt jedoch Wackelaugen.
Dieses Bärenkästchen kann auch gestellt werden.

Feuriger Schwingdrache

Material

- **Sperrholz:**
  – 4 mm, 20 x 50 cm
  – 2 x 25 x 35 cm

- **Rundholz, 8 mm ∅**
- **Wackelauge, 20 mm ∅**
- **Holzkugel, 15 mm ∅**

- **Bohrer, 1 mm ∅**
- **Zwirn**
- **Lasierende Farbe, z.B. Mori Color oder Seidenmalfarbe**
- **Klarlack oder Bienenwachs**

Vorlage

O 1 und 2

1 Die Konturen der Flügel auf das Holz übertragen und aussägen. Die gekennzeichneten Löcher mit einem 1 mm-Bohrer bohren.

2 Die Holzteile mit den angegebenen Farben lasierend gestalten und die Wackelaugen aufkleben.

3 Nun die Flügel mit Zwirn in Form einer Achterschlaufe am Körper lose festknüpfen, so daß noch genügend Spiel für die Schwingung der Flügel vorhanden ist.

4 An den äußeren Flügelkanten jeweils einen ca. 30 cm langen Zwirn für die Verbindung festknüpfen, diesen doppelten Faden dann mit dem Rundholz verbinden. Zur besseren Befestigung in das 30 cm lange Rundholz ebenfalls ein 1 mm großes Loch bohren. Hier die unteren Verbindungsfäden und die oberen Aufhängefäden verknüpfen. Nun die beiden Aufhängefäden zu einer Schlaufe verknoten. Die Längen der Fäden sollten gleich sein. Sie sollten so variiert werden, daß die beiden Flügel fast waagerecht vom Rumpf abstehen.

5 Abschließend am unteren Ende ein Zugband festknoten und eine Holzperle anbringen.

Dekorative Marienkäfer

Material

Stundenplan:

- **Sperrholz:**
  – 8 mm,
  55 x 25 cm
  – 4 mm,
  35 x 20 cm

- **Perlonschnur,**
  1 mm ∅
- **Wackelauge,**
  20 mm ∅
- **Holzperlen,**
  10 mm ∅
- **Magnetleiste,**
  50 x 5 cm
- **Magnete,**
  15 mm ∅
- **Holzstreuteile**
  „Marienkäfer“

Stundenplan mit Magnettafel

1 Die Grundform mit angeschnittenem Sockelteil für die Magnetleiste aussägen.

2 Die einzelnen Teile bemalen und dann den roten Bogen jeweils nur im unteren Drittel festkleben, damit oben ein Schlitz zum Einschieben des Stundenplans frei bleibt. Das Wackelauge aufkleben.

3 Für die Fühler Löcher mit einem Durchmesser von 1 mm bohren, die jeweils 6 cm lange Perlonschnur einkleben und Holzperlen befestigen.

4 Die Magnetleiste grün bemalen oder mit Farbspray gestalten und auf dem Sockel festkleben.

5 Die Grundfläche der Marienkäferchen mit kleinen Magneten bekleben.

Stifte- und Papierständer

❶ Das Blatt aus 8 mm starkem Sperrholz aussägen, die drei Käferteile sowie die Zwischenteile (3 x 5 x 4 cm) aus 4 mm starkem Sperrholz fertigen.

❷ Sämtliche Teile bemalen und Wackelaugen aufkleben.

❸ Fühler wie beim Stundenplan gestalten, jedoch nur 3 cm lang.

❹ Die drei Käferteile auf dem Blatt laut Vorlagebogen festkleben. Zwischen den hinteren beiden Teilen für die Stifte drei Zwischenbrettchen, im vorderen Bereich fürs Papier zwei Brettchen anordnen und befestigen.

Stift- und Papierständer:

- **Sperrholz, 8 mm, 30 x 20 cm**
- **Sperrholz, 4 mm, 3 x 20 x 10 cm**
- **Wackelauge, 15 mm ∅**
- **Perlonschnur, 1 mm ∅**
- **Holzperlen, 10 mm ∅**

Für alle Teile:

- **Lackfarbe, Lackstifte, evtl. Farbspray**

Vorlagen

I, J 1, J 2

Elefantenmobile

Material
- **Sperrholz, 4 mm, 50 x 50 cm**
- **Mobilebügel mit Holzperlen oder Rundhölzer**
- **Wackelaugen, 8 mm und 10 mm ∅**

- **Perlonfaden, 0,3 mm oder Zwirn**
- **feine Stiftnägel**
- **Lackmalfarbe**
- **Filz- und Lackstifte**

Vorlage
P 1–6

❶ Die einzelnen Elefanten aufzeichnen und aussägen. Die Ohren zusätzlich anfertigen.

❷ Die Elefanten hellblau und die Ohren dunkelblau bemalen, zusammenkleben und mit Wackelaugen versehen.

❸ Feine Striche mit Filzstift und die typischen Elefantennägel mit Lackstift aufmalen.

❹ Die einzelnen Elefantenmotive, außer dem großen, mit Hilfe eines Perlonfadens und einer Stecknadel ausbalancieren. Danach den Perlonfaden an einen kleinen Nagel knüpfen und diesen am oberen Rand festklopfen. Beim großen Elefanten zuerst den Rüsselstab ebenfalls mit einem Stift befestigen. Dann die beiden kleinen Elefanten festknüpfen, ausbalancieren und danach die Aufhängeschnur am großen Elefanten befestigen.

❺ Dieses Trio am langen Mobilestab festknüpfen, jedoch noch nicht kleben, dann folgt als Gegengewicht das andere Elefantentrio, das an einem kürzeren Mobilestab festgeknüpft wird.

❻ Vor dem Festkleben der Holzperlen sämtliche Teile genau ausbalancieren. Die Motive sollten genügend Abstand haben, so daß sie nicht anstoßen.

Gute Nacht, kleiner Bär

Material

- Sperrholz:
  - 4mm, 30 x 60 cm
  - 8 mm, 15 x 40 cm
- Holzstreuteile Sterne, Mond
- Lasur, z.B. Mori Color Naturfarbe, Seidenmalfarbe, Holzbeize
- feine Goldkordel
- Filzstift
- Teelichter

Vorlagen

Q 1–9

Zum Vorlesen der Gutenachtgeschichte oder beim Erzählen können ganz stimmungsvoll kleine Teelichter angezündet werden.

1. Sämtliche Einzelteile aufzeichnen und aussägen, Grundplatte: 8 mm Sperrholz

2. Beim Bär den Arm und das Bein, beim Nachtwächter, den Arm zusätzlich aussägen und verleimen. Grundplatte: 8mm Sperrholz.

3. Das Haus zweimal anfertigen. Bei einer Form die Fenster und die Türe aussägen. Vor dem Zusammenkleben der beiden Hausgrundformen, auf das nicht ausgesägte Rückteil, die Fenster und Türausschnitte aufmalen. Das Dach, die Fenstersimse und den Eingang extra zuschneiden, befestigen.

4. Nun alles auf der Grundplatte anordnen. Entweder zur Befestigung kleine Einschnitte sägen oder mit kleinen Holzklötzchen hinterkleben.

5. Auf den Himmelsbogen fertige Holzstreuteile mit dem Motiv Mond und Sterne kleben. Davon hängen einige an einer feinen Goldkordel herab.

Lustige Gartenstecker

Material

Frosch:

- **Massivholz, 20 mm, 30 x 30 cm**
- **Sperrholz, 4 mm, 9 x 4 cm**
- **Wackelaugen, 30 mm ∅**

Eule:

- **Massivholz, 20 mm, 25 x 30 cm**
- **Wackelaugen, 30 mm ∅**

Papagei:

- **Massivholz, 20 mm, 43 x 23 cm**
- **Sperrholz, 4 mm, 6 x 7 cm**
- **Wackelaugen, 25 mm ∅**

Sämtliche Motive sind in der Gestaltungsweise ähnlich:

1. Die Grundform aufzeichnen und aussägen.

2. Flügel-, Kopf- und Augenteile zusätzlich anfertigen und beidseitig passend auf dem Körper aufkleben. Der Frosch erhält ein aufgeklebtes Mundteil, die Eule einen Schnabel.
Zur späteren Befestigung des Rundholzes ein 10 mm ∅ starkes Loch in den unteren Rand bohren.

3. Die Motive in der Naß-in-Naß-Technik mit lasierenden Farben gestalten (vgl. Seite 5).

4. Nach dem Trocknen die Wackelaugen aufkleben und evtl. noch feine Striche mit Filzstift aufmalen und gut lackieren. Nun das Rundholz montieren.

Tukan:

- Massivholz, 20 mm, 32 x 25 cm,
- Wackelaugen, 30 mm ∅,

Für sämtliche Teile:

- Lasierende Farben, z.B. Mori Color, Seidenmalfarben, Holzbeize
- Klar- oder Bootslack
- Rundhölzer, 10 mm ∅

Vorlagen

R, S, T, U

Hinweis

Das Froschmotiv ist auf Seite 27 in einer anderen Ausführung mit Sperrholz und Lackfarben zum Vergleich wiederholt worden. Das gleiche Motiv hat jedoch eine völlig andere Wirkung.

Konferenz der Frösche

Material

Sperrholz, 6 mm

Liegender Frosch:

30 x 20 cm

Blatt:

30 x 22 cm

Springender Frosch:

35 x 25 cm

Sitzender Frosch:

30 x 30 cm

Für sämtliche Teile:

- **Wackelaugen, 20 mm ∅**
- **Rundhölzer, 8 mm ∅**
- **Lackfarbe, Farbspray**
- **Lackstifte**

Vorlagen

U, V, W, X

1 Froschkörper mit Kopf aufzeichnen und aussägen.

2 Die Kopfteile nochmals zusätzlich anfertigen und bei dem sitzenden und springenden Frosch das Mundteil aussägen. Beim sitzenden Frosch die Vorderbeine ebenfalls zusätzlich fertigen.

3 Sämtliche Teile miteinander verleimen, trocknen lassen und mit Lackfarben bemalen.

4 Feine Striche mit Filzstiften, die Blattadern mit Lackstiften aufmalen und Wackelaugen aufkleben. Den liegenden Frosch auf dem Seerosenblatt plazieren und verleimen.

5 Rundhölzer dahinterkleben. Bei Verwendung von stärkerem Holz kann ein Loch zur Befestigung des Rundstabes am unteren Rand gebohrt werden.

Es klappert die Mühle ...

Material

- **Sperrholz, 4 mm, 12 x 30 cm**
- **Sperrholz, 8 mm, 12 x 36 cm**
- **Lochschlitz-scheibe**
- **Rundholz, 3 mm und 10 mm ∅**
- **Holzperlen, 8 mm ∅**
- **Unterlegscheiben, 3 mm ∅**
- **Spinnakerseide**
- **Faden und Nadel**
- **Textilkleber oder UHU Allesklebe Kraft**
- **Lackfarben**

Vorlagen

Y 1 und 2

❶ Die Windmühle aus 4 und 8 mm starkem Sperrholz zweimal aussägen. Das Dach zusätzlich nochmals aus 8-mm-Holz anfertigen.

❷ Aus dem 8-mm-Holzteil Fenster und Türe aussägen. Fenster-und Türausschnitte auf dem 4-mm-Holzmühlenteil kennzeichnen, bemalen und nach dem Trocknen beide Teile paßgenau aufeinanderkleben. Das zusätzlichen Dachteil aufkleben.

❸ Für die Windradkonstruktion zwei Holzscheiben, 4 und 8 mm stark, 4 cm ∅, aussägen, zusammenkleben und mit einem 3-mm-Loch versehen und auf der Windmühle befestigen. In die Bohrung ein 3 cm langes Rundholz verleimen. Nun alles farblich gestalten.

❹ Für das Windrad in die Lochschlitzscheibe 12 dünne, 3 cm lange Rundholzstäbchen verleimen. Anstelle der Lochschlitzscheibe kann auch eine 10 cm starke Holzscheibe mit 12 gebohrten, 3 mm großen Löchern verwendet werden.

❺ Aus Spinnakerseide sechs Teile Y 2 zuschneiden, die Nähte mit Textilkleber oder UHU Alleskleber Kraft umkleben, dabei immer eine Längsseite zu einer kleinen Röhre kleben, damit hier jeweils das Rundholzstäbchen durchgeschoben werden kann. Die andere Seite wird an der oberen Ecke mit einem Faden am nächsten Rundholz festgeknüpft.

❻ Wenn alle Segelteile befestigt sind, als Abschluß kleine Holzperlen festkleben. Die Löcher mit einem 3 mm Bohrer vergrößern.

❼ Nun alles auf der Windradkonstruktion anordnen: Drei Unterlegscheiben, dann die vorbereitete Lochschlitzscheibe mit Windradflügel, wieder zwei Unterlegscheiben und zum Abschluß eine bemalte Holzscheibe (3 cm ∅) auf dem Rundholz festkleben.

❽ Das Rundholz für die Befestigung hinter der Mühle am besten mit Schrauben anbringen.

Laßt Blumen sprechen

Material

Sperrholz, 4 mm

Clown:

25 x 17 cm

Bär:

25 x 14 cm

Rabe:

25 x 18 cm

- **Rundhölzer, 5 mm ∅**
- **Lack- und Mattfarben**
- **Filz- und Lackstifte**
- **Klebebuchstaben**

Vorlagen

Z 1–3

Clown

❶ Grundform aufzeichnen und aussägen.

❷ Das Kleeblatt und die Hände zusätzlich aussägen und mit der Grundform paßgenau verleimen.

❸ Alles bemalen und nach dem Trocknen die Klebeschrift anbringen.

Bär

Aufzeichnen und aussägen, wie bereits beschrieben. Hier das Herz und die Pfoten zusätzlich aussägen und verleimen.

Rabe

❶ Den Raben aussägen und bemalen. Abschließend die gelb bemalte Scheibe aufkleben und die Schrift plazieren.

❷ Die Rundhölzer dahinterkleben. Bei Verwendung von stärkerem Rundholz können zur Befestigung auch Löcher am unteren Rand gebohrt werden.

KOPF HOCH
VIEL GLÜCK
ALLES GUTE

Neben dieser Auswahl aus der Brunnen-Reihe haben wir noch viele andere Bücher im Programm. Wir informieren Sie gerne - fordern Sie einfach unsere neuen Prospekte an:

- **Bücher für Ihre Kinder:** Basteln, Spielen und Lernen mit Kindern
- **Bücher für Ihre Hobbys:** Stoff und Seidenmalerei, Malen und Zeichnen, Keramik, Floristik
- **Bücher zum textilen Handarbeiten:** Sticken, Häkeln und Patchwork

Wir sind für Sie da, wenn Sie Fragen zu AutorInnen, Anleitungen oder Materialien haben.
Und wir interessieren uns für Ihre eigenen Ideen und Anregungen. Faxen, schreiben Sie oder rufen Sie uns an.
Wir hören gerne von Ihnen! Ihr Christophorus-Verlag

CHRISTOPHORUS
Bücher mit Ideen

Hermann-Herder-Str. 4 / 79104 Freiburg i. Breisgau

Tel: 0761/2717-268 oder Fax: 0761/2717-3